Bibliografische Information der Deutschen Nationalbibliothek:

Die Deutsche Bibliothek verzeichnet diese Publikation in der Deutschen National-
bibliografie; detaillierte bibliografische Daten sind im Internet über http://dnb.d-
nb.de/ abrufbar.

Impressum:

Copyright © 2015 GRIN Verlag, Open Publishing GmbH
Druck und Bindung: Books on Demand GmbH, Norderstedt Germany
ISBN: 978-3-668-11440-1

Dieses Buch bei GRIN:

http://www.grin.com/de/e-book/312587/basiswissen-fuer-das-matheabitur-in-bayern-
ein-skript-fuer-die-oberstufe

Brian Härtlein

Basiswissen für das Matheabitur in Bayern. Ein Skript für die Oberstufe

GRIN Verlag

GRIN - Your knowledge has value

Der GRIN Verlag publiziert seit 1998 wissenschaftliche Arbeiten von Studenten, Hochschullehrern und anderen Akademikern als eBook und gedrucktes Buch. Die Verlagswebsite www.grin.com ist die ideale Plattform zur Veröffentlichung von Hausarbeiten, Abschlussarbeiten, wissenschaftlichen Aufsätzen, Dissertationen und Fachbüchern.

Besuchen Sie uns im Internet:

http://www.grin.com/

http://www.facebook.com/grincom

http://www.twitter.com/grin_com

„Das musst du wissen!"

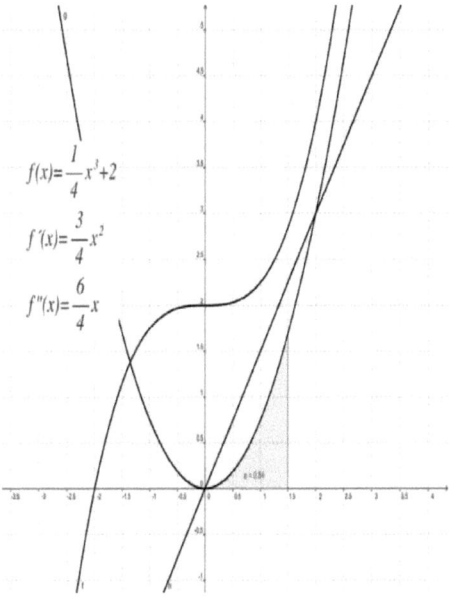

$$f(x)=\frac{1}{4}x^3+2$$

$$f'(x)=\frac{3}{4}x^2$$

$$f''(x)=\frac{6}{4}x$$

MATHEMATIK
SKRIPT FÜR DIE
OBERSTUFE
ABITUR IN BAYERN

©Goering & Haertlein GbR
Nachhilfe Akademie

Inhaltsverzeichnis

I Infinitesimalrechnung

1.Funktionstheorie

2. Modellieren von Funktionen

3. Elemente der Kurvendiskussion

4. Integralrechnung

©Goering & Haertlein GbR
Nachhilfe Akademie

II Stochastik

1. Wichtige Formeln

4. Bernoulli-Ketten und Hypergeometrische Verteilung

5. Erwartungswert, Varianz und Standardabweichung

III Analytische Geometrie

1. Basiswissen

I. Infinitesimalrechnung

1. Funktionstheorie

1.1 Lineare Funktionen

$y = m \cdot x + t$

Steigung   y-Achsenabschnitt

Unterscheidung von **mittlerer Änderungsrate** und **lokaler Änderungsrate**:

Die mittlere Änderungsrate gibt die Steigung in einem Intervall an:

$$m = \frac{\Delta y}{\Delta x} = \frac{y_2 - y_1}{x_2 - x_1}$$

Die lokale Änderungsrate gibt die Steigung an einem Punkt an:

f'(x) = m = tan α (→ tan α ist derjenige Winkel den der Graph mit der x-Achse einschließt)

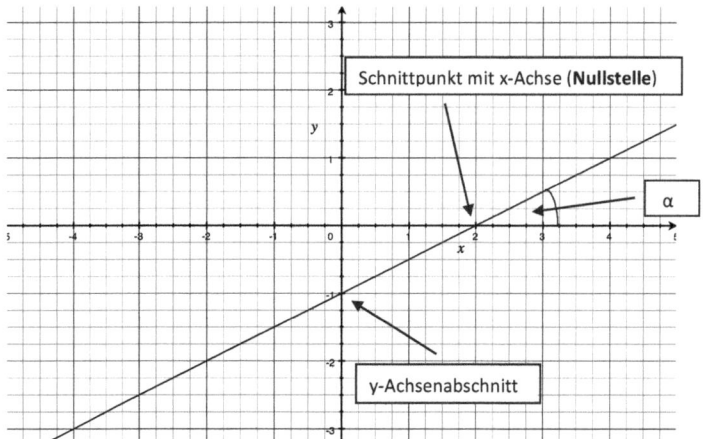

Schnittpunkt mit x-Achse (**Nullstelle**)

α

y-Achsenabschnitt

1.2 Quadratische Funktionen

f(x) = ax² + bx + c   (Normalform)
f(x) = a(x − x_s) + y_s   (Scheitelpunktform)
f(x) = a(x − x₁) · (x − x₂)   (Nullstellenform)

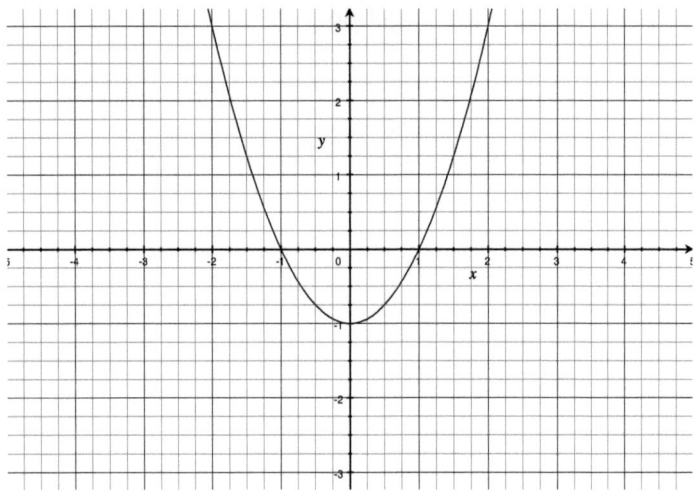

Quadratische Funktionen lösen:

1) Ausklammern

Wenn c = 0
z.B. $y = x^2 + 2x$
y = x·(x+2)
x·(x+2) = 0   Ein Produkt ist null, wenn ein Faktor null ist!

2) Mitternachtsformel

$$x_{1/2} = \frac{-b \pm \sqrt{b^2 - 4ac}}{2a}$$

1.3 Ganzrationale Funktionen

$f(x) = ax^n + bx^{n-1} + \dots + yx + z$

Ganzrationale Funktionen löst man mithilfe der Polynomdivision oder der Substitution **oder Ausklammern!**

Beachte Vielfachheit der Nullstellen:

1) Ungerade Vielfachheit der Nullstelle:

    Vorzeichenwechsel → Graph schneidet die x-Achse

2) Gerade Vielfachheit der Nullstelle:

    Kein Vorzeichenwechsel → Graph berührt die x-Achse

1.4 Gebrochenrationale Funktionen

$f(x) = \dfrac{f(x)}{g(x)}$

Beachte: $\mathbb{D} = \mathbb{R} \setminus \{g(x) = 0\}$ → Alle Reellen Zahlen außer die Nullstellen des Nenners.

Bsp.:

$f(x) = \dfrac{x^2-4}{x+1}$ $\mathbb{D} = \mathbb{R} \setminus \{-1\}$

1.5 Nichtrationale Funktionen

„Rest" z.B. : $f(x) = 2^x$; $g(x) = \ln(x)$; $h(x) = e^x$; $i(x) = \sqrt{x}$; $j(x) = \sin(x)$; …

1.6 <u>Umkehrfunktion</u>

1) Graphisch

Die Umkehrfunktion $f^{-1}(x)$ einer Funktion $f(x)$ erhält man graphisch durch Spiegelung an der Winkelhalbierenden des 1. und 3. Quadranten ($y = x$)

Bsp.:

$f(x) = x^2$

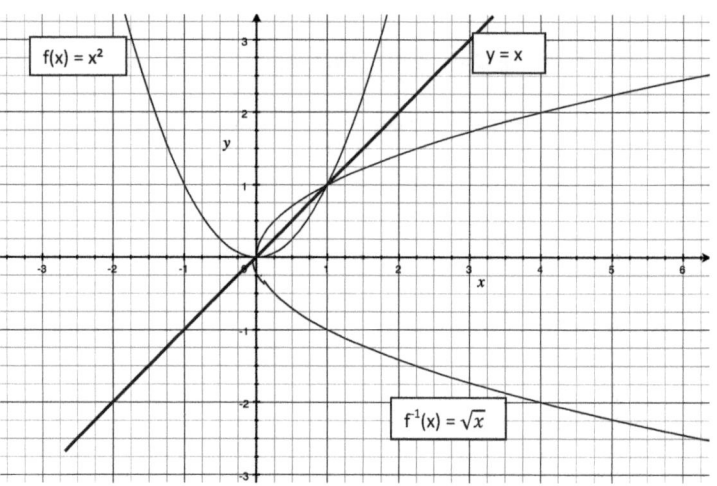

2) Rechnerisch

Schritt 1:   Nach „x" auflösen

Schritt 2:   „x" und „y" vertauschen

Schritt 3:   Umkehrfunktion aufstellen, wobei gilt: $D_{f^{-1}} = W_f$

$$W_{f^{-1}} = D_f$$

Bsp.:

$$f(x) = \sqrt{x + 2}$$

Schritt 1:

$y = \sqrt{x + 2} \qquad |^2$

$y^2 = x + 2 \qquad |-2$

$y^2 - 2 = x$

Schritt2:

$x \Longleftrightarrow y$

$y = x^2 - 2$

Schritt 3:

$f^{-1}(x) = x^2 - 2$

1.7 Die natürliche Exponentialfunktion und die natürliche Logarithmusfunktion

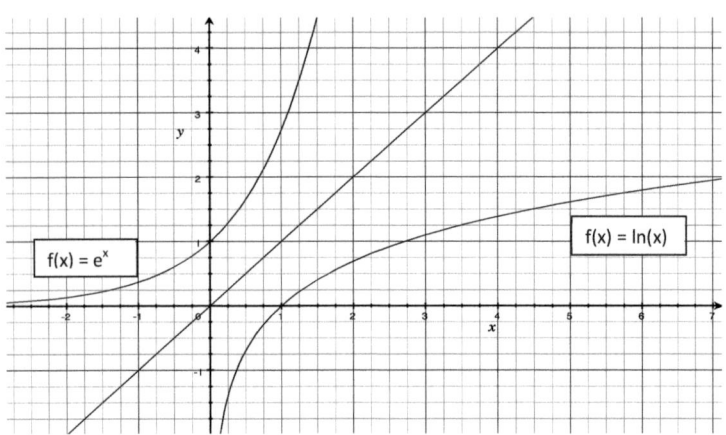

1.7.1 Die natürliche Exponentialfunktion (e^x)

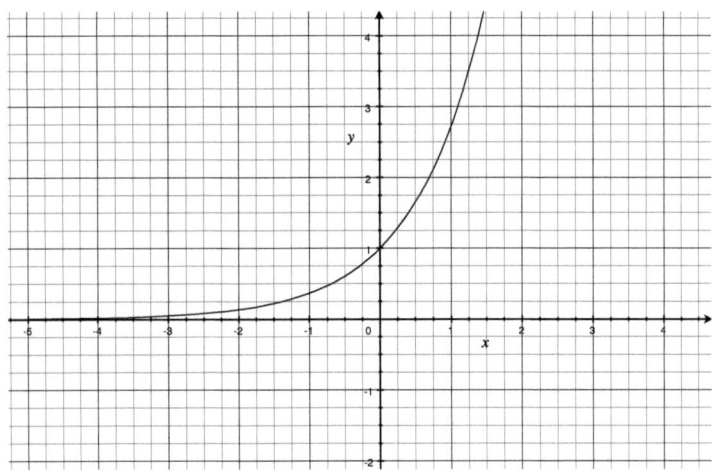

Besonderheiten:

$e^x \neq 0$ $e^x > 0$

Wiederholung Potenzgesetze:

$a \in \mathbb{R}$

$a^0 = 1$ „hoch" 0 ist immer 1

a^1 „hoch" 1 ist immer die Zahl selbst

$a^{-k} = \dfrac{1}{a^k}$ „a hoch eine negative Zahl" ist das gleiche wie „1 geteilt durch a hoch diese Zahl"

$a^m \cdot a^n = a^{m+n}$ Man multipliziert 2 Potenzen mit gleicher Basis, indem man ihre Exponenten addiert

$\dfrac{a^n}{a^m} = a^{n-m}$ Man dividiert 2 Potenzen mit gleicher Basis, indem man ihre Exponenten subtrahiert

$(a^n)^m = a^{n \cdot m}$ Potenzen werden potenziert, indem man ihre Exponenten multipliziert

$a^n \cdot b^n = (ab)^n$ Potenzen mit gleichem Exponent werden multipliziert, indem man die Basen multipliziert

1.7.2 Die natürliche Logarithmusfunktion (ln(x))

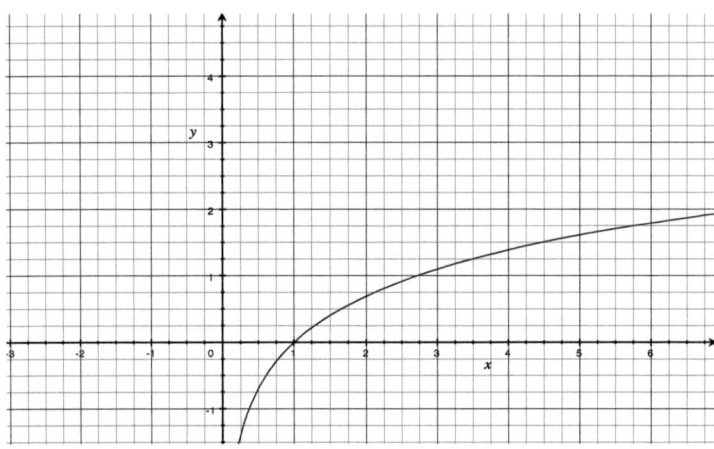

Besonderheiten:

$D = \mathbb{R}^+$ „Man darf nichts negatives und nicht 0 einsetzen!"

Wiederholung Logarithmusgesetze:

$a \in \mathbb{R}$

$\ln(a \cdot b) = \ln(a) + \ln(b)$ Der Logarithmus eines Produktes entspricht der Summe der Logarithmen der beiden Faktoren

$\ln\left(\dfrac{a}{b}\right) = \ln(a) - \ln(b)$ Der Logarithmus eines Bruchs entspricht der Differenz aus dem Logarithmus des Zählers und dem Logarithmus des Nenners

$\ln(a^n) = n \cdot \ln(a)$ Der Logarithmus einer Potenz entspricht der Multiplikation aus dem Exponenten und dem Logarithmus der Basis

1.8 Trigonometrische Funktionen

Modellieren der Sinus- bzw. Kosinusfunktion:

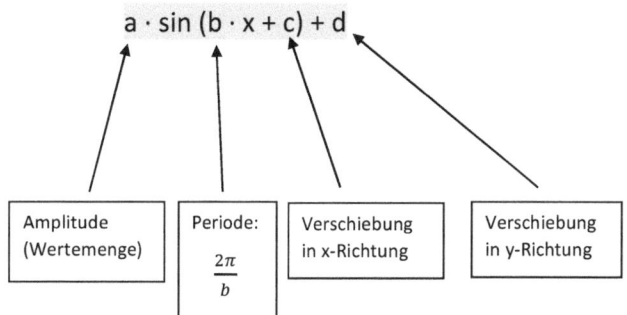

$$a \cdot \sin(b \cdot x + c) + d$$

Amplitude (Wertemenge)	Periode: $\dfrac{2\pi}{b}$	Verschiebung in x-Richtung	Verschiebung in y-Richtung

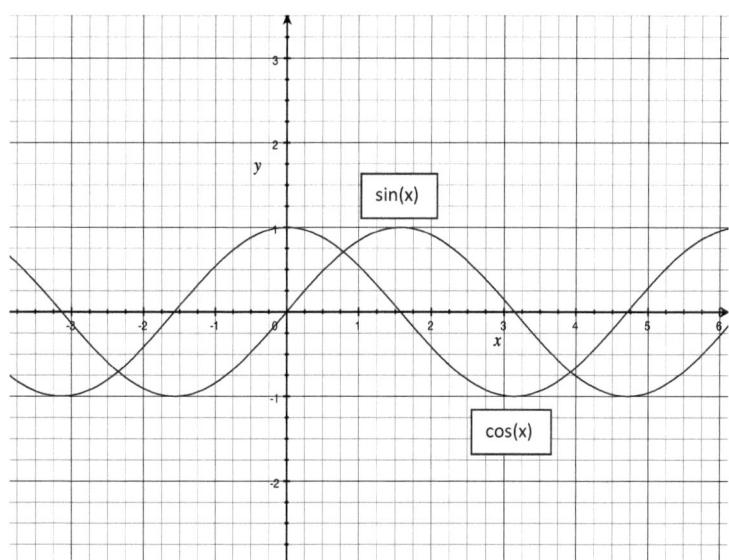

1.9 Funktionenschar

Enthält eine Funktion neben der Gleichungsvariablen (x) noch eine Formvariable (a), so spricht man von einer Funktionenschar.

Beachte hierbei, dass sich vom Prinzip der Vorgehensweise beim Berechnen der Nullstellen, Extrempunkte, Wendepunkte… nichts ändert.
Das Ergebnis entspricht lediglich keiner reellen Zahl mehr, sondern wird in Abhängigkeit der Formvariable (a) angegeben.

1.10 Das Newtonverfahren

Sind für die Berechnung der Nullstelle keine üblichen Verfahren möglich, verwendet man in der Regel ein Näherungsverfahren
→ **Newtonverfahren**

$$x_1 = x_0 - \frac{f(x_0)}{f\prime(x_1)}$$

Beispiel zu Funktionenschar und Newtonverfahren (Abituraufgabe):

Gegeben ist die Schar der Funktionen $f_a(x) = 6 \cdot e^{-0,5x} - a \cdot x$
mit $a \in \mathbb{R}^+$ und $\mathbb{D} = \mathbb{R}$.

a) Weisen Sie nach, dass die Graphen aller Funktionen der Schar die y-Achse im selben Punkt schneiden und in komplett $\mathbb{R}$ streng monoton fallend sind.

y-Achsenabschnitt:

$$f_a(0) = 6 \cdot e^0 - a \cdot 0 = 6 \cdot e^0 = 6$$

→ unabhängig von a schneiden alle Funktionen der Schar die y-Achse im Punkt P (0|6)

Monotonie:

$$f\prime_a(x) = 6 \cdot e^{-0,5x} \cdot (-0,5) - a \cdot 1 = -3e^{-0,5x} - a$$

$e^{-0,5x} > 0$ → $\cdot$ (-3)   → < 0
-a < 0   da $a \in \mathbb{R}^+$

→ $f\prime_a(x) < 0$ → **streng monoton fallend in komplett $\mathbb{R}$**

b) Bestimmen sie die Nullstelle der Funktion in Abhängigkeit von a, indem Sie den ersten Schritt des Newton-Verfahrens mit dem Startwert $x_0 = 0$ durchführen.

Aus a) :

$$f'_a(x) = -3e^{-0,5x} - a \qquad\qquad f_a(0) = 6$$

$$f'_a(0) = -3e^0 - a = -3 - a$$

$$x_1 = x_0 - \frac{f_a(x_0)}{f'_a(x_0)} = 0 - \frac{6}{-3-a} = -\frac{6}{-3-a} = -\frac{6}{-(3+a)} = --\frac{6}{(3+a)} = \frac{6}{3+a}$$

2. Modellieren von Funktionen

2.1 Verschiebung

a $\in \mathbb{R}^+$ (a ist eine beliebige positive Zahl)

Funktionsterm	Verschiebung
f(x) + a	um a in positive y-Richtung (oben)
f(x) - a	um a in negative y-Richtung (unten)
f(x + a)	um a in negative x-Richtung (links)
f(x − a)	um a in positive x-Richtung (rechts)

Bsp.:

Wie geht der Graph der in $\mathbb{R}$ definierten ganzrationalen Funktion $f(x) = e^{x-5} - 2$
aus dem Graphen der Grundfunktion $g(x) = e^x$ hervor?

$g(x) = e^x$

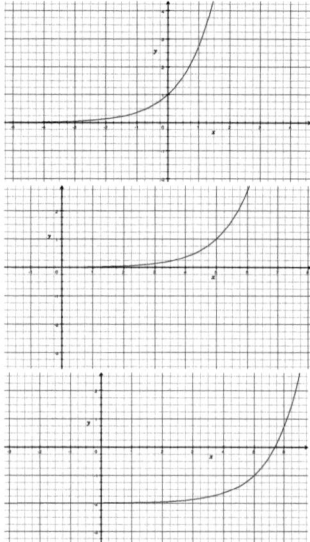

→ $g^*(x) = e^{x-5}$
→ Verschiebung um 5 nach rechts

→ $g^{**}(x) = e^{x-5} - 2$
→ Verschiebung um 2 nach unten

© Goering & Haertlein GbR
Nachhilfe Akademie

2.2 <u>Strecken und Stauchen</u>

a < 1   → Stauchung
a > 1   → Streckung

Funktionsterm	Streckung/Stauchung
$a \cdot f(x)$	Streckung/Stauchung um a in y-Richtung
$f(a \cdot x)$	Streckung/Stauchung um $\frac{1}{a}$ in x-Richtung

Bsp.:

Wie geht der Graph der in $\mathbb{R}$ definierten Funktion $f(x) = 2e^{3x}$ aus der Grundfunktion $g(x) = e^x$ hervor?

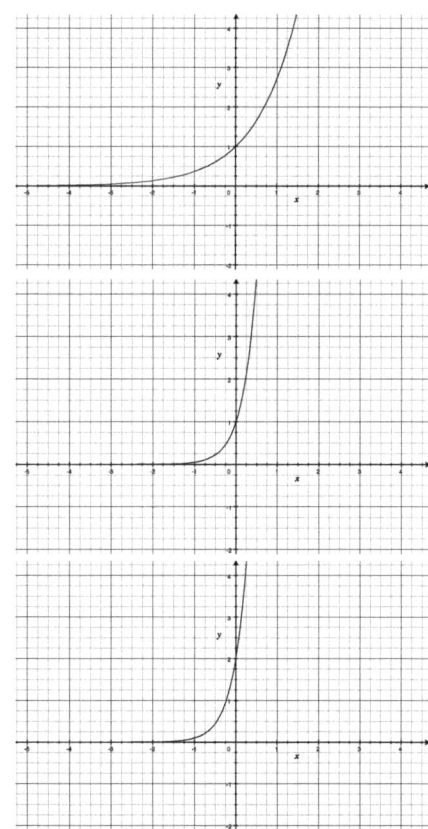

$g(x) = e^x$

→ $g^*(x) = e^{3x}$
→ Stauchung um $\frac{1}{3}$ in x-Richtung

→ $g^{**}(x) = 2e^{3x}$
→ Streckung um 2 in y-Richtung

2.3 Spiegeln

Funktionsterm	Spiegelung
-f(x)	Spiegelung an der x-Achse
f(-x)	Spiegelung an der y-Achse

Bsp.:

Wie geht der Graph der in $\mathbb{R}$ definierten Funktion $f(x) = -2e^{x-3} - 4$ aus dem Graphen der Grundfunktion $g(x) = e^x$ hervor?

$g(x) = e^x$

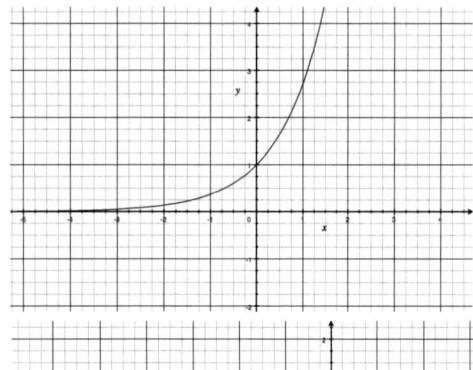

→ $g^*(x) = -2e^x$
→ Spiegelung an der x-Achse;
   Streckung um 2 in y-Richtung;

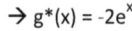

→ $g^{**}(x) = -2e^{x-3} - 4$
→ Verschiebung um 3 nach rechts;
   Verschiebung um 4 nach unten

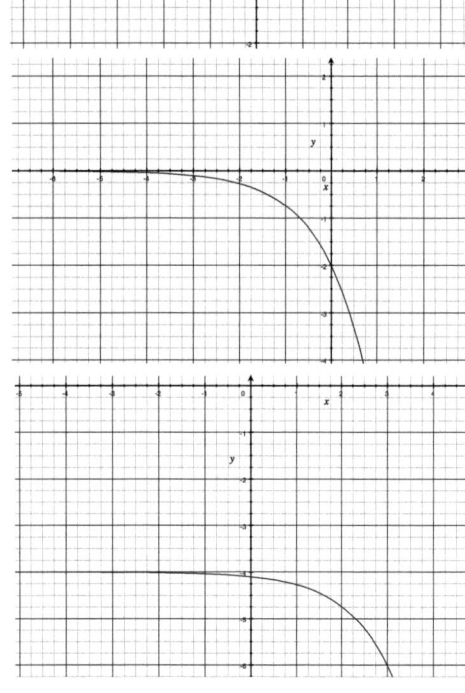

3. Elemente der Kurvendiskussion

3.1 Definitionsbereich

Der Definitionsbereich D_f einer Funktion f(x) ist die Menge aller x, für die die Funktion gebildet werden kann. („Alle x, die man in die Funktion einsetzen darf")

Immer $\mathbb{R}$ außer:

a) $f(x)= \sqrt{x}$ („unter der Wurzel darf nichts negatives stehen, aber 0")

b) $f(x)= \ln(x)$ („im Logarithmus darf nichts negatives stehen auch nicht 0")

c) $f(x)= \frac{1}{x}$ („Der Nenner darf nicht 0 sein")

3.2 Schnittpunkte mit den Koordinatenachsen

a) Schnittpunkt mit der y-Achse

    „Für x in die Funktion 0 einsetzen"
    D.h. f(0)=...

b) Schnittpunkt mit der x-Achse (Nullstellen!)

    „Die Funktion gleich 0 setzen"
    D.h. f(x)=0

3.3 Verhalten an den Grenzen des Definitionsbereiches

Das Verhalten an den Grenzen des Definitionsbereichs ($-\infty$ und $+\infty$, wenn $D=\mathbb{R}$) untersucht wie sich die Funktion für „unendlich große" bzw. „unendlich kleine" Werte für x verhält.

Bei Brüchen gibt es 3 besondere Fälle:

a) Zählergrad(Z) > Nennergrad(N) $\rightarrow$ $\lim f(x) = \infty$ oder $-\infty$
                                       $x\rightarrow\infty$ bzw.
                                       $x\rightarrow-\infty$

Bsp.:

$$\lim_{\substack{x \to \infty \text{ bzw.} \\ x \to -\infty}} \frac{x^2+2}{x+1} = \infty \text{ bzw. } -\infty$$

b) $Z < N \rightarrow \lim_{\substack{x \to \infty \text{ bzw.} \\ x \to -\infty}} f(x) = 0$

Bsp.:

$$\lim_{\substack{x \to \infty \text{ bzw.} \\ x \to -\infty}} \frac{x+2}{x^2+2} = 0$$

c) $Z = N \rightarrow$ Die Funktion nähert sich gegen den Quotienten der Koeffizienten der höchsten Exponenten an. Einfach ausgedrückt: Der Bruch aus den Vorfaktoren vor den x mit den größten Exponenten bildet die Gleichung der waagrechten Asymptote.

z.B. $\lim_{\substack{x \to \infty \text{bzw.} \\ x \to -\infty}} \frac{5x^2+25x+13}{2x^2+17x+9} = \frac{5}{2}$

3.4 Asymptoten

a) Eine senkrechte Asymptote liegt an einer Definitionslücke vor.
   Gleichung: $x = \dots$

b) Eine waagrechte Asymptote liegt vor, wenn für einen Grenzwert (Limes) eine konkrete Zahl existiert. (Konvergenz)
   z.B. $\lim_{x \to \infty} \frac{x^2+9}{x^2+5} = 1$
   Gleichung: $y = \dots$

c) Eine schräge Asymptote erhält man

1. Bei Gebrochenrationalen Funktionen, wenn der Nennergrad um 1 größer als der Zählergrad ist. (Berechnung durch Polynomdivision)

2. Wenn ein Teil der Funktion bei der Grenzwertbetrachtung gegen 0 läuft („wegfällt") und nur noch ein Teil übrigbleibt, der auch x enthält.

Bsp.:

1) $f(x) = e^{-x} + 5x$

$\lim\limits_{x \to \infty} e^{-x} + 5x = \lim\limits_{x \to \infty} 5x = \infty$ Die Funktion nähert sich im Unendlichen an 5x an

da e^{-x} „gegen 0 läuft". (Schräge Asymptote)

2) $f(x) = \frac{1}{x^2} + 3x + 1$

$\lim\limits_{x \to \infty} \frac{1}{x^2} + 3x + 1 = \lim\limits_{x \to \infty} 3x + 1 = \infty$ Die Funktion nähert sich im Unendlichen an

$3x + 1$ an, da $\frac{1}{x^2}$ „gegen 0 läuft".

Gleichung: y = ...

3.5 Symmetrie

Eine Funktion f(x) kann entweder eine Achsensymmetrie oder eine Punktsymmetrie zum Ursprung aufweisen oder überhaupt keine Symmetrie besitzen.

Vorgehensweise zur rechnerischen Überprüfung:

a) Achsensymmetrie
   f(-x) = f(x) → Achsensymmetrie
   z.B.: $f(x) = x^2$
   $f(-x) = (-x)^2 = x^2 = f(x)$ → Achsensymmetrie

b) Punktsymmetrie
   f(-x) = -f(x) → Punktsymmetrie
   z.B. $f(x) = \frac{1}{x}$
   $f(-x) = \frac{1}{-x} = -\frac{1}{x} = -f(x)$ → Punktsymmetrie

3.6 Extrempunkte und Monotonie

1. Extrempunkt:

Ein Extrempunkt ist ein Punkt auf einem Funktionsgraphen, der in der Umgebung entweder der höchste (Hochpunkt) oder der tiefste (Tiefpunkt) Punkt ist.

Wenn der Extrempunkt nur in seiner Umgebung der höchste/tiefste Punkt ist, dann nennen wir diesen Punkt lokales oder relatives Maximum/Minimum.
Ist er der höchste Punkt der gesamten Funktion, so nennen wir ihn globales oder absolutes Maximum/Minimum.

Rechnerische Vorgehensweise:

Die Steigung m am Extrempunkt muss „0" sein

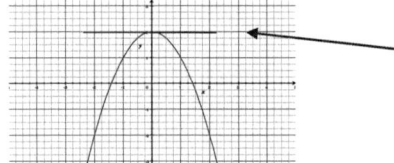

Die Steigung der Tangente, die am Extrempunkt anliegt, ist Null!

$f'(x) = m$

D.h. wir berechnen deshalb die Nullstelle(n) der ersten Ableitung.

$f'(x) = 0$

2. Monotonie:
Die Monotonie soll die Intervalle verdeutlichen, in denen der Graph der Funktion steigt bzw. fällt.

Beachte:

„Monoton steigend/fallend" bedeutet, dass der Graph der Funktion in einem Intervall steigt/fällt aber auch teilweise die Steigung „0" haben kann.

„Streng monoton steigend/fallend" bedeutet, dass der Graph wirklich durchgehend steigt/fällt ohne Einschränkungen.

Vorgehensweise:

Es gibt zwei Möglichkeiten die Monotonie einer Funktion anzugeben

a) Monotonietabelle

z.B.

x	$-\infty < x < 2$	x = 2	$2 < x < 4$	x = 4	$4 < x < \infty$
$f'(x)$	+	0	-	0	+
G_f	Streng monoton steigend ↗	*Hochpunkt*	Streng monoton fallend ↘	*Tiefpunkt*	Streng monoton steigend ↗

b) Zweite Ableitung

Man setzt die berechneten Extremstellen (entspricht den Nullstellen der ersten Ableitung) in die zweite Ableitung ein und ermittelt ob das Ergebnis negativ oder positiv ist.

$f''(x) > 0$ → Tiefpunkt   (D.h. fallend bis zum TIP danach steigend)

$f''(x) < 0$ → Hochpunkt   (D.h. steigend bis zum Hop danach fallend)

$f''(x) = 0$ → Terassenpunkt   (D.h. steigend/fallend bis zum TEP und danach weiter steigend/fallend)

3.7 Wendepunkte und Krümmung

1. Wendepunkt:

Ein Wendepunkt ist ein Punkt eines Graphen einer Funktion, an dem sich die Krümmung ändert.

Der Wendepunkt entspricht dem **steilsten Punkt** (größte/kleinste Steigung) des Graphen.

Die Wendepunkte entsprechen den Extrempunkten der ersten Ableitung und werden daher durch die Nullstellen der zweiten Ableitung dargestellt.

Rechnerische Vorgehensweise:

$f''(x) = 0$

2. Krümmung

Krümmungstabelle (Genau wie Monotonietabelle nur mit der zweiten Ableitung)

x	$-\infty < x < 2$	$x = 2$	$2 < x < 4$	$x = 4$	$4 < x < \infty$
$f''(x)$	+	0	-	0	+
G_f	Linksgekrümmt	*Wendepunkt*	Rechtsgekrümmt	*Wendepunkt*	Linksgekrümmt

Beachte:

+ → linksgekrümmt

- → rechtsgekrümmt

3.8 Tangenten

Tangenten an den Graphen in einem bestimmten Punkt ermitteln:

y=m · x + t (allgemeine Geradengleichung)

f'(x)= m d.h. den x-Wert des Punktes an dem die Tangente aufgestellt werden soll in die erste Ableitung der Funktion einsetzen. → m

Man hat dann x (x-Koordinate des Punktes), y (y-Koordinate des Punktes) und m → In die Geradengleichung einsetzen und nach t auflösen.

Nun kann man die Tangente mit den errechneten Werten aufstellen.

Beachte: Die Wendetangente entspricht der Tangente an dem Wendepunkt.

z.B. $f(x) = x^2 + 2$

Tangente an den Graphen im Punkt P(2|6):

$Y = mx+t$

$f'(x) = 2x$　　　　$f'(2) = 4$ → m = 4

$6 = 4·6+t$　　→ t = -18

→ $y = 4x-18$

3.9 Kurvendiskussion (Beispiel)

$f(x) = x \cdot e^{-x} + e^{-x}$

1) Definitionsmenge

Immer ℝ außer bei $\sqrt{x}$; ln(x) ; $\frac{1}{x}$

Hier: $\mathbb{D} = \mathbb{R}$

2) Schnittpunkte mit den Koordinatenachsen

1. Schnittpunkt mit der y-Achse

   f(0) „für x „0" einsetzen"

   $f(0) = 0 \cdot e^0 + e^0 = 1$ → $S_y(0|1)$

2. Schnittpunkt mit der x-Achse (Nullstelle!)

   f(x) = 0 „Die Funktion gleich „0" setzen und nach x auflösen"

   Hier:

   Beachte:
   Bei e^x ans Ausklammern denken!

   $f(x) = x \cdot e^{-x} + e^{-x} = e^{-x}(x + 1)$

   $e^{-x}(x + 1) = 0$ **„ Ein Produkt ist null, wenn ein Faktor null ist"**

   $e^{-x} \neq 0$

   $x + 1 = 0$

   $x = -1$

   → $S_x(-1|0)$

3) Verhalten an den Grenzen des Definitionsbereichs

$\mathbb{D} = \mathbb{R}$

→Grenzen: $-\infty$; ∞

$$\lim_{x \to \infty} x \cdot e^{-x} + e^{-x} = „ \infty \cdot e^{-\infty} + e^{-\infty} " = 0 \quad (\to \text{waagrechte Asymptote})$$

$$„0"$$

$$\lim_{x \to -\infty} x \cdot e^{-x} + e^{-x} = -\infty \cdot e^{\infty} + e^{\infty} = -\infty$$

$-\infty \cdot e^{\infty}$ ist immer stärker negativ, als e^{∞} positiv ist!

4) Symmetrie

$f(-x) = -x \cdot e^{x} + e^{x} \neq f(x) \neq -f(x)$

→ **Keine Symmetrie**

5) Extrempunkte und Monotonie

Erste Ableitung bilden:

$$f'(x) = 1 \cdot e^{-x} + x \cdot e^{-x} \cdot (-1) + e^{-x} \cdot (-1)$$

$$= e^{-x} - xe^{-x} - e^{-x}$$

$$= -xe^{-x}$$

Extrempunkte:

Lage:

$$f'(x) = 0$$

$$-xe^{-x} = 0 \qquad \text{(Ein Produkt ist null, wenn ein Faktor null ist)}$$

$$e^{-x} \neq 0$$

$\rightarrow x = 0 \rightarrow E(0|1)$ (Schnittpunkt mit der y-Achse)

Art:

Zwei Möglichkeiten:

   1. *Monotonietabelle*

x	x < 0	x = 0	x > 0
f'(x)	+	0	-
G_f	↗		↘

$\rightarrow$ **Hochpunkt bei (0|1)**

2. Mithilfe der zweiten Ableitung

$$f''(x) = -1 \cdot e^{-x} + (-x) \cdot e^{-x} \cdot (-1)$$

$$= -e^{-x} + xe^{-x}$$

$$= e^{-x}(-1 + x)$$

x-Wert des Extrempunktes in die zweite Ableitung einsetzen:

$$f''(0) = -1 < 0$$

→ **Hochpunkt bei (0|1)**   (D.h. Bis (0|1) steigend danach fallend)

6) Wendepunkte und Krümmung

Zweite Ableitung bilden:

$$f''(x) = e^{-x}(-1 + x)$$

Wendepunkte:

$$f''(x) = 0$$

$$e^{-x}(-1 + x) = 0$$ (Ein Produkt ist null, wenn ein Faktor null ist)

$$e^{-x} \neq 0$$

$$-1 + x = 0$$

→ $x = 1$ in f(x) → WP(1|0,7357..)

Krümmung:

x	x < 1	x = 1	x > 1
f''(x)	+	0	-
G_f	Linksgekrümmt		Rechtsgekrümmt

7) Wendetangente

Tangente an den Wendepunkt WP(1 | 0,7357):

y = mx + t

m = f'(x)   f'(1) = - 0,3678

x, y und m einsetzen und nach t auflösen:

0,7357 = -0,3678 · 1 + t

→ t = 1,1036

→ **y = -0,3678x + 1,1036**

8) Zeichnung

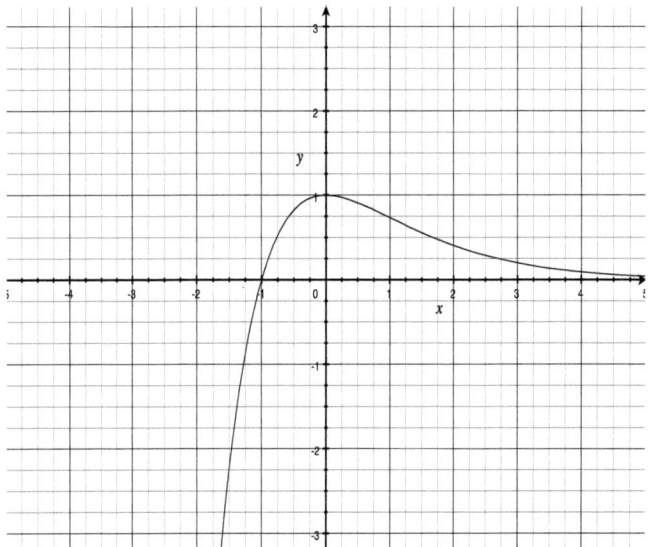

4. <u>Integralrechnung</u>

Überblick:

F(x)	Extrempunkt	Wendepunkt	↗	↘	Lk.	Rk.
f(x)	Nst. mit Vzw.	Extrempunkt	positiv	negativ	↗	↘
f'(x)	╱	Nst. mit Vzw.	╱	╱	positiv	negativ

4.1 <u>Das Unbestimmte Integral</u>

Es gibt unendlich viele Stammfunktionen! (unbestimmt)

$$\int f(x)dx = F(x) + c$$

Bsp.:

$$\int x^2 dx =$$

a) $\frac{1}{3}x^3 + 1$

b) $\frac{1}{3}x^3 + 2$

c) ...

$\rightarrow \frac{1}{3}x^3 + c$

4.2 Das bestimmte Integral

Das bestimme Integral ist ein Wert.

Es drückt die **Flächenbilanz** der Fläche aus, die der Graph G_f einer Funktion f(x) im Intervall [a ; b] mit der x-Achse einschließt.

$$\int_a^b f(x)dx = [F(x)]_a^b = F(b) - F(a)$$

Flächenbilanz:

1. Integration von links nach rechts

   - Flächen oberhalb der x-Achse werden positiv gewertet
   - Flächen unterhalb der x-Achse werden negativ gewertet

2. Integration von rechts nach links

   - Flächen oberhalb der x-Achse werden negativ gewertet
   - Flächen unterhalb der x-Achse werden positiv gewertet

Um die tatsächliche Fläche zu berechnen, muss man jeweils den Betrag des Integrals von Nullstelle zu Nullstelle aufaddieren.

4.3 Fläche zwischen zwei Graphen

Die Fläche zwischen einer Funktion f(x) und einer Funktion g(x) entspricht dem Betrag des Integrals der Differenzenfunktion („die eine Funktion von der anderen abziehen") von Schnittstelle zu Schnittstelle aufaddiert.

D.h.:

Man berechnet zuerst die Schnittpunkte der beiden Funktionen. Dann bildet man die Differenzenfunktion und berechnet dann wie gewohnt das Integral von Schnittstelle 1 bis Schnittstelle 2 und bildet dann den Betrag des Ergebnisses.

Diesen Vorgang wiederholt man je nach Anzahl der Schnittpunkte und addiert diese Beträge miteinander.

Bsp.:

$f(x) = -x^2 + 1$

$g(x) = x^2 - 2x + 1$

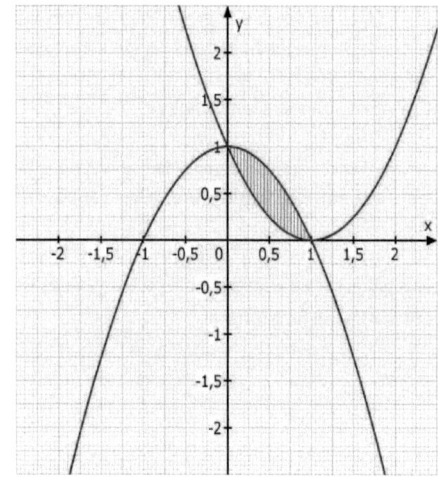

Schnittpunkte berechnen:

$f(x) = g(x)$

$-x^2 + 1 = x^2 - 2x + 1$

$-2x^2 + 2x = 0$

$-2x(x - 1) = 0$

→ $x_1 = 0$

→ $x_2 = 1$

Differenzenfunktion:

f(x) – g(x) =

$-x^2 + 1 - (x^2 - 2x + 1)$

= -2x^2 + 2x = d(x)

$$\int_0^1 d(x)dx = \int_0^1 -2x^2 + 2x = \left[-\frac{2}{3}x^3 + x^2\right]_0^1 = \frac{1}{3} - 0 = \frac{1}{3}$$

Notizen

II. Stochastik

1. Wichtige Formeln für Stochastik

1.1 Bedingte Wahrscheinlichkeit

Die Wahrscheinlichkeit für das Ereignis B unter der Voraussetzung, dass das Ereignis A bereits eingetreten ist.

$$P_A(B) = \frac{P(A \cap B)}{P(A)}$$

1.2 Stochastische Unabhängigkeit

Das Eintreten von Ereignis A hat keinen Einfluss auf die Wahrscheinlichkeit von Ereignis B und umgekehrt.

d.h. wenn gilt: $P_A(B) = P(B)$ und $P_B(A) = P(A)$

Dies ist genau der Fall wenn gilt:

$P(A \cap B) = P(A) \cdot P(B)$

1.3 Schnittmenge und Vereinigungsmenge

Schnittmenge: Vereinigungsmenge:

A∩B (A und B)   A∪B (A oder B)

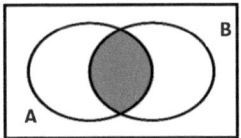   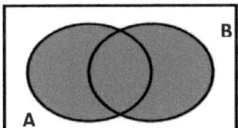

1.4 Vereinigungsmenge (Berechnung)

z.B. Berechnen sie die Wahrscheinlichkeit, das Ereignis A **oder** Ereignis B eintreten.

$P(A \cup B) = P(A) + P(B) - P(A \cap B)$

2. Baumdiagramm

Ein Baumdiagramm eignet sich zur Bestimmung von Wahrscheinlichkeiten mehrstufiger Zufallsexperimente.

1. **Pfadregel (Produktregel):**
   Die Wahrscheinlichkeit eines einzelnen Ereignisses ist das Produkt der Wahrscheinlichkeiten entlang des Pfades, der zu diesem Ereignis führt.

2. **Pfadregel (Summenregel):**
   Die Wahrscheinlichkeit eines Ereignisses ist die Summe der Wahrscheinlichkeiten aller Pfade, die zu diesem Ereignis führen.

Bsp.: Ein Oberstufenkurs besteht zu 60% aus männlichen Schülern, von denen 20% Leichtathleten sind. 10% aller Schüler sind weiblich und sind keine Leichtathleten.

L: „Schüler hat Leichtathletik belegt"

M: „Schüler ist männlich"

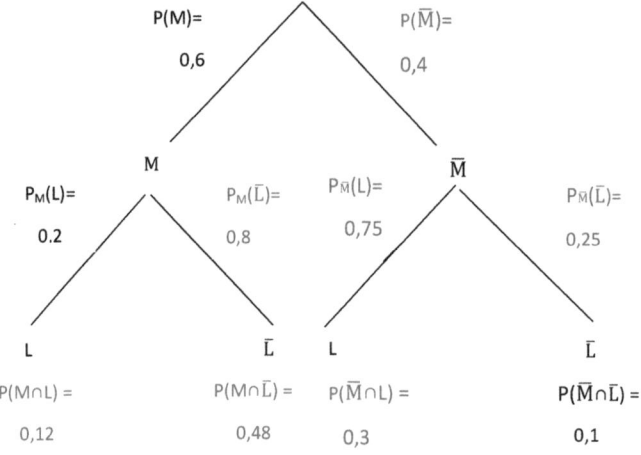

Aufgabe: Berechnen Sie die Wahrscheinlichkeit dafür, dass ein beliebiger Schüler Leichtathletik belegt hat.

Aus Text:

„…besteht zu 60% aus männlichen Schülern…"   → $P(M) = 0,6$

→ $P(\overline{M}) = 0,4$

„…männlichen Schülern, von denen 20% Leichtathleten sind."   → $P_M(L) = 0,2$

→ $P_M(\overline{L}) = 0,8$

„10% aller Schüler sind weiblich und keine Leichtathleten"   → $P(\overline{M} \cap \overline{L}) = 0,1$

→ $P(\overline{M}) \cdot P_{\overline{M}}(\overline{L}) = P(\overline{M} \cap \overline{L})$

→ $0,4 \cdot P_{\overline{M}}(\overline{L}) = 0,1$

→ $P_{\overline{M}}(\overline{L}) = 0,25$

→ $P_{\overline{M}}(L) = 0,75$

Lösung:

$P(L) = 0,6 \cdot 0,2 + 0,4 \cdot 0,75 = 0,42$ (2. Pfadregel)

3. Vierfeldertafel

Die Vierfeldertafel eignet sich zur Bestimmung der Wahrscheinlichkeiten von zwei verknüpften Ereignissen A und B.

	A	**Ā**	
B	$P(A \cap B)$	$P(\bar{A} \cap B)$	$P(B)$
B̄	$P(A \cap \bar{B})$	$P(\bar{A} \cap \bar{B})$	$P(\bar{B})$
	$P(A)$	$P(\bar{A})$	1

Merke: Auch mit absoluten Häufigkeiten möglich.

Bsp.: Angaben aus („Baumdiagramm")

Aus Text:

$P(M) = 0,6$ 　　　　　　　　　　$P_M(L) = 0,2$

　　　　　　　　　　　　　　　　$\rightarrow P(M \cap L) = 0,6 \cdot 0,2 = 0,12$

$P(\bar{M} \cap \bar{L}) = 0,1$

	M	**M̄**	
L	0,12	0,3	0,42
L̄	0,48	0,1	0,58
	0,6	0,4	1

4. Bernoulli-Ketten und Hypergeometrische Verteilung

4.1 Hypergeometrische Verteilung

Die Hypergeometrische Verteilung eignet sich zur Berechnung von Wahrscheinlichkeiten bei Zufallsexperimente.

Voraussetzung hierfür ist eine nicht konstante Wahrscheinlichkeit bei jedem Durchgang. **(„Ziehen ohne zurücklegen")**

Allgemein:

$$P = \frac{\binom{K}{k} \cdot \binom{N-K}{n-k}}{\binom{N}{n}}$$

Wobei N die Gesamtzahl aller Objekte, n die Anzahl der entnommenen Objekte, K die Anzahl aller Objekte mit einer besonderen Eigenschaft und k die Anzahl der entnommenen Objekte mit der bestimmten Eigenschaft angibt.

Bsp.:

In einer Urne befinden sich 10 Kugeln (N=10), davon sind 6 Kugeln rot (K=6) und 4 Kugeln weiß. Es werden 4 Kugeln entnommen (n=4) ohne zurücklegen. Wie groß ist die Wahrscheinlichkeit, dass in dieser Stichprobe 2 rote kugeln (k=2) vorhanden sind?

Wir entnehmen 2 Kugeln aus den 6 roten Kugeln.

Wir entnehmen 2 Kugeln aus den 4 weißen Kugeln.

Insgesamt entnehmen wir 4 Kugeln aus 10 möglichen Kugeln.

$$P = \frac{\binom{6}{2} \cdot \binom{4}{2}}{\binom{10}{4}} = 0.428 \rightarrow \text{ca.43\%}$$

4.2 Bernoulli-Ketten

Die Bernoulli-Kette eignet sich zur Berechnung von Wahrscheinlichkeiten von Zufallsexperimenten, bei denen es nur 2 Möglichkeiten gibt **(Treffer oder Niete)** und bei denen sich die Trefferwahrscheinlichkeit nach jedem Durchgang **nicht** ändert. **(P bleibt konstant)**

Allgemein:

$$P(X=k) = \binom{n}{k} \cdot p^k \cdot (1-p)^{n-k}$$

Wobei p die Trefferwahrscheinlichkeit, n die Anzahl der Durchgänge (Länge der Kette) und k die Anzahl der Treffer angibt.

P(X=k) gibt die Wahrscheinlichkeit für genau k Treffer an.

Bsp.:

In einer Urne befinden sich 9 Kugeln. Davon sind 5 schwarz und 4 weiß. Es werden 5 Kugeln **mit Zurücklegen** gezogen. Wie hoch ist die Wahrscheinlichkeit, dass sich unter den 5 gezogenen Kugeln zwei weiße Kugeln befinden?

Lösung:

$P(\text{schwarze Kugel}) = \dfrac{5}{9}$ (Niete)

$P(\text{weiße Kugel}) = \dfrac{4}{9}$ (Treffer)

n = 5

k = 2

$$P(X=2) = \binom{5}{2} \cdot \left(\frac{4}{9}\right)^2 \cdot \left(1 - \frac{4}{9}\right)^{5-2} \approx 33.87\%$$

Da man „ größer " bzw. „ größer gleich " dem Tafelwerk nicht entnehmen kann, muss man häufig umformen:

- **Höchstens k Treffer:** $\quad$ $P(X \leq k)$
- **Weniger als k Treffer:** $\quad$ $P(X < k) = P(X \leq k - 1)$
- **Mindestens k Treffer:** $\quad$ $P(X \geq k) = 1 - P(X \leq k - 1)$
- **Mehr als k Treffer:** $\quad$ $P(X > k) = P(X \geq k + 1) = 1 - P(X \leq k)$
- **Mindestens k Treffer,**
  aber höchstens h Treffer: $\quad$ $P(k \leq X \leq h) = P(X \leq h) - P(X \leq k - 1)$

Auch sogenannte „3-Mindestens-Aufgaben" kann man mit Bernoulli lösen:

Hierbei wird zwischen zwei Typen entschieden:

4.2.1 3M-Aufgaben: n gesucht

22% aller Schüler lieben Mathe. Wie viele Schüler muss man mindestens fragen, damit mit einer Wahrscheinlichkeit von mindestens 95% mindestens ein Schüler Mathe liebt?

„Mindestens ein Schüler" $\qquad$ $\rightarrow P(x \geq 1) = 1 - P(x = 0)$

„22% aller Schüler lieben Mathe" $\quad$ $\rightarrow P = 0.22$

$1 - P(x = 0) \geq 0{,}95$

$1 - \binom{n}{0} \cdot 0{,}22^0 \cdot 0{,}78^n \geq 0{,}95$

Immer wenn nach „mindestens 1" gefragt wird läuft das Schema so ab d.h. man kann ab dem nächsten Schritt anfangen.

$1 - 0{,}78^n \geq 0{,}95 \qquad | + 0{,}78^n$

$1 \geq 0{,}95 + 0{,}78^n \qquad | -0{,}95$

$0{,}05 \geq 0{,}78^n \qquad | \ln$

$\ln(0{,}05) \geq n \cdot \ln(0{,}78) \qquad | : \ln(0{,}78) \; !!!$ (ln kleiner 1 ist negativ $\rightarrow$ „größer gleich" umdrehen)

$\dfrac{\ln(0{,}05)}{\ln(0{,}78)} \leq n$

$12{,}057.. \leq n$

4.2.2 3M-Aufgabe: p gesucht

Wie groß muss die Wahrscheinlichkeit mindestens sein, damit sich unter 50 Schülern mit einer Wahrscheinlichkeit von mindestens 95% mindestens 1 Schüler befindet der Mathe liebt.

„50 Schüler" $\rightarrow$ n = 50

„Mindestens 1 Schüler" $\rightarrow$ P(x $\geq$ 1) = 1 – P(x = 0)

$1 - P(x = 0) \geq 0,95$

$1 - \binom{50}{0} \cdot p^0 \cdot (1-p)^{50} \geq 0,95$

Auch hier kann man das Schema ab hier beginnen, da es bei diesem Aufgabentyp immer darauf hinauslaufen wird.

$1 - (1-p)^{50} \geq 0,95$ |-1

$-(1-p)^{50} \geq -0,05$ |·(-1) !!!

$(1-p)^{50} \leq 0,05$ |$\sqrt[50]{}$

$1 - p \leq \sqrt[50]{0,05}$ |-1

$-p \leq \sqrt[50]{0,05} - 1$ |·(-1) !!!

$p \geq (\sqrt[50]{0,05} - 1)\cdot(-1)$

$p \geq 0,0581...$

5. Erwartungswert, Varianz und Standardabweichung

5.1 Erwartungswert

Der Erwartungswert einer Zufallsgröße X gibt an, welcher Mittelwert bei oftmaliger Wiederholung des Zufallsexperiments zu erwarten ist.

Formel: $\mu = E(x) = x_1 \cdot p_1 + \dots + x_n \cdot p_n$

Wobei X die Zufallsgröße und P ihre Wahrscheinlichkeit darstellt.

Bsp.:

Bei einem Glücksspiel wird eine Münze einmal geworfen. Bei Zahl gewinnt man 5€ und bei Kopf verliert man 6€. Die Zufallsvariable gibt den Gewinn bei einem Münzwurf an. Berechne den Erwartungswert der Zufallsvariable.

Lösung:

X	5	-6
P(X=x)	0.5	0.5

$\mu = E(x) = 5 \cdot 0.5 + (-6) \cdot 0.5 = -0.5$

→ Ein Verlust von 0.5€ ist pro Wurf zu erwarten.

Beachte: Ein Spiel ist fair, wenn der Erwartungswert „0" ist.

5.2 Varianz und Standardabweichung

Die Varianz und die Standardabweichung einer Zufallsgröße X erfassen die Streuung der Werte um den Erwartungswert von X.

Formeln:

Varianz:

$$\text{Var}(x) = (x_1 - \mu)^2 \cdot p_1 + \ldots + (x_n - \mu)^2 \cdot p_n$$

Wobei X die Zufallsgröße, μ den Erwartungswert und P die Wahrscheinlichkeit der Zufallsgröße darstellt.

Standardabweichung:

$$\sigma(x) = \sqrt{Var(x)}$$

Bsp.: (Fortsetzung Aufgabe „Erwartungswert")

Bei einem Glücksspiel wird eine Münze einmal geworfen. Bei Zahl gewinnt man 5€ und bei Kopf verliert man 6€. Die Zufallsvariable gibt den Gewinn bei einem Münzwurf an. Der Erwartungswert ist gegeben durch E(x) = -0.5. Berechne die Standardabweichung.

Lösung:

$$\text{Var}(x) = (5 - (-0.5))^2 \cdot 0.5 + ((-6) - (-0.5))^2 \cdot 0.5 = 30.25$$

$$\sigma(x) = \sqrt{Var(x)} = \sqrt{30.25} = 5.5$$

5.3 Erwartungswert, Varianz und Standardabweichung bei Bernoulli-Ketten

Da die Wahrscheinlichkeit bei Bernoulli-Ketten konstant bleibt, lassen sich Erwartungswert und Varianz um ein Vielfaches einfacher bestimmen.

1. Erwartungswert

Formel:

$E(x) = n \cdot p$

Wobei n die Länge der Bernoulli-Kette ist, also die Anzahl der Durchgänge und P die Trefferwahrscheinlichkeit.

2. Varianz und Standardabweichung

Formeln:

$Var(x) = n \cdot p \cdot q$

Wobei n die Länge der Bernoulli-Kette, p die Trefferwahrscheinlichkeit und q die Gegenwahrscheinlichkeit, also die Nietenwahrscheinlichkeit darstellt.

$\sigma(x) = \sqrt{Var(x)}$

Bsp.:

Ein Würfel wird 20-mal geworfen. Die Zufallsvariable gibt an, wie oft die Zahl 3 gefallen ist. Berechne den Erwartungswert und die Standardabweichung.

Lösung:

Es handelt sich um eine Bernoulli-Kette da die Wahrscheinlichkeit eine 3 zu würfeln immer die gleiche ist, also **konstant** ist.

$E(x) = n \cdot p = 20 \cdot \frac{1}{6} = 3,\overline{3}$

$Var(x) = n \cdot p \cdot q = 20 \cdot \frac{1}{6} \cdot \frac{5}{6} = 2,\overline{7} \quad \rightarrow \sigma(x) = \sqrt{2,\overline{7}} = 1,\overline{7}$

6. Testen von Hypothesen

Bei einem Hypothesentest stellt man eine Vermutung (Nullhypothese H_0) auf und teste diese anhand einer Stichprobe. Aufgrund des Ergebnisses des Tests entscheidet man, ob die Vermutung angenommen oder abgelehnt wird.

Dabei können **zwei Fehlentscheidungen** getroffen werden:

Fehler 1. Art: H_0 wird irrtümlich abgelehnt

Fehler 2. Art: H_0 wird irrtümlich angenommen bzw. nicht abgelehnt

Es ist wünschenswert, dass die Wahrscheinlichkeit für einen Fehler möglichst klein ist. Deshalb wird die Irrtumswahrscheinlichkeit durch das Signifikanzniveau (α) beschränkt.

Man unterscheidet dabei links- und rechtsseitigen Signifikanztest:

Linksseitig	Rechtsseitig

„mindestens" „höchstens"

$H_0 : P \geq P_0$ $H_0 : P \leq P_0$

$\rightarrow P(x \leq k) \leq \alpha$ $\rightarrow P(x \geq k) \leq \alpha$

Linksseitig	Rechtsseitig
Das kann man nun direkt im Tafelwerk ablesen.	**„Größer gleich" kann man nicht direkt aus dem Tafelwerk ablesen, deswegen muss umgeformt werden.**
Man sucht in der kumulativen Tabelle (Summenspalte) das k heraus an dem die Wahrscheinlichkeit das erste Mal kleiner als das Signifikanzniveau α ist.	$\rightarrow P(x \leq k-1) \geq 1 - \alpha$
Bsp.:	ABER:
Du möchtest eine Party für deine Freunde geben, wenn genug Leute Lust haben. Du denkst, dass mindestens 60% der befragten Leute zusagen. Nun testest du diese Behauptung anhand einer Stichprobe von 200 Leuten auf einem Signifikanzniveau von 5%.	Den Wert den man ablesen kann muss man danach noch +1 nehmen.
	Bsp.:
	100 Personen werden gefragt, ob sie Mathe mögen. Höchstens 20% antworten mit „ja", auf einem Signifikanzniveau von 10%, wird vermutet.
$H_0 : P \geq 60\%$	$H_0 : P \leq 0.2$
$\alpha = 5\%$ $n = 200$	$\alpha = 10\%$ $n = 100$
$\rightarrow P(x \leq k) \leq 0,05$	$\rightarrow P(x \geq k) \leq 0,1$
$\rightarrow$ Tafelwerk: k = 108	$\rightarrow 0.9 \leq P(x \leq k-1)$
	$\rightarrow$ Tafelwerk: k − 1 = 25 $\rightarrow$ k = 26

Linksseitig:

```
0              108        200
├──────────────┼───────────┤
        ↗              ↘
```

Ablehnungs-bereich	Annahme-bereich
Bis k = 108	Ab k = 109

Das bedeutet, wenn mehr als 108 Personen deiner Feier zusagen wird deine Vermutung angenommen, ansonsten wird sie abgelehnt.

Rechtsseitig:

```
0        25                    100
├────────┼─────────────────────┤
    ↗                     ↘
```

Annahme-bereich	Ablehnungs-bereich
Bis k = 25	Ab k = 26

Das bedeutet, wenn mehr als 25 Leute angeben, dass sie Mathe mögen wird die Vermutung abgelehnt.

Notizen

III. Analytische Geometrie

1. Basiswissen

1.1 Mittelpunkt einer Strecke

Für den Ortsvektor des Mittelpunktes M der Strecke [AB] gilt:

$$\vec{M} = \frac{1}{2} \cdot (\vec{A} + \vec{B})$$

1.2 Betrag/Länge eines Vektors

Der Betrag bzw. die Länge eines Vektors entspricht der Quadratwurzel der Summe jedes Eintrags des Vektors im Quadrat.

$$|\vec{x}| = \sqrt{(x_1)^2 + (x_2)^2 + (x_3)^2}$$

Bsp.:

$$\left| \begin{pmatrix} 6 \\ 2 \\ 3 \end{pmatrix} \right| = \sqrt{6^2 + 2^2 + 3^2} = \sqrt{49} = 7$$

1.3 Parallelität

Zwei Vektoren im dreidimensionalen Raum sind genau dann parallel, wenn sie Vielfache voneinander sind.

$$\vec{a} = k \cdot \vec{b}$$

Bsp.:

$$\vec{a} = \begin{pmatrix} 5 \\ 5 \\ 5 \end{pmatrix} \qquad \vec{b} = \begin{pmatrix} 1 \\ 1 \\ 1 \end{pmatrix}$$

$$\vec{a} = 5 \cdot \vec{b} \qquad \begin{pmatrix} 5 \\ 5 \\ 5 \end{pmatrix} = 5 \cdot \begin{pmatrix} 1 \\ 1 \\ 1 \end{pmatrix} \qquad \rightarrow \vec{a} \parallel \vec{b}$$

1.4 Verbindungsvektor

Ein Verbindungsvektor zwischen zwei Punkten berechnet sich, indem man den Startvektor vom Endvektor subtrahiert. **(Ende minus Anfang)**

$$\overrightarrow{AB} = \vec{B} - \vec{A}$$

Bsp.:

$$\vec{a} = \begin{pmatrix} 1 \\ -3 \\ 3 \end{pmatrix} \qquad\qquad \vec{b} = \begin{pmatrix} 1 \\ 2 \\ 5 \end{pmatrix}$$

$$\overrightarrow{AB} = \vec{B} - \vec{A} = \begin{pmatrix} 1-1 \\ 2-(-3) \\ 5-3 \end{pmatrix} = \begin{pmatrix} 0 \\ 5 \\ 2 \end{pmatrix}$$

1.5 Skalar – und Vektorprodukt

1.5.1 Skalarprodukt

Mit dem Skalarprodukt kann man überprüfen, ob zwei Vektoren orthogonal (senkrecht) zueinander sind.
Dies ist genau der Fall, wenn das Skalarprodukt der beiden Vektoren „0" ergibt.
Das rechnerische Prinzip des Skalarproduktes ergibt sich indem man jede Zeile der beiden Vektoren multipliziert.
Beachte: Das Ergebnis des Skalarprodukts ist **kein Vektor**, sondern eine **Zahl**!

Bsp.:

$$\vec{a} = \begin{pmatrix} 2 \\ -4 \\ 4 \end{pmatrix} \qquad\qquad \vec{b} = \begin{pmatrix} 5 \\ 3 \\ -1 \end{pmatrix}$$

$$\vec{a} \circ \vec{b} = \begin{pmatrix} 2 \\ -4 \\ 4 \end{pmatrix} \circ \begin{pmatrix} 5 \\ 3 \\ -1 \end{pmatrix} = 2 \cdot 5 + (-4) \cdot 3 + 4 \cdot (-1) = -6 \neq 0$$

$$\rightarrow \vec{a} \not\perp \vec{b}$$

1.5.2 Vektorprodukt (Kreuzprodukt)

Mit dem Vektorprodukt aus zwei Vektoren erzeugt man einen dritten **Vektor**, der auf den ersten beiden Vektoren **senkrecht** steht.
Das rechnerische Prinzip des Vektorproduktes ergibt sich indem man die ersten beiden Einträge noch einmal unter die Vektoren schreibt und die erste Zeile durchstreicht und dann „über Kreuz" multipliziert und jeweils voneinander abzieht.

Bsp.:

$$\vec{a} = \begin{pmatrix} 2 \\ -4 \\ 4 \end{pmatrix} \qquad\qquad \vec{b} = \begin{pmatrix} 5 \\ 3 \\ -1 \end{pmatrix}$$

$$\vec{a} \times \vec{b} = \begin{pmatrix} 2 \\ -4 \\ 4 \end{pmatrix} \times \begin{pmatrix} 5 \\ 3 \\ -1 \end{pmatrix} = \begin{pmatrix} (-4)\cdot(-1) - 4\cdot 3 \\ 4\cdot 5 - 2\cdot(-1) \\ 2\cdot 3 - (-4)\cdot 5 \end{pmatrix} = \begin{pmatrix} -8 \\ 22 \\ 26 \end{pmatrix} = 2\cdot \begin{pmatrix} -4 \\ 11 \\ 13 \end{pmatrix}$$

$$\begin{matrix} 2 & & 5 \\ -4 & & 3 \end{matrix}$$

2. Die Gerade

2.1 Geradengleichung

Um eine Geradengleichung im dreidimensionalen Raum aufzustellen benötigt man 2 Punkte dieser Gerade.

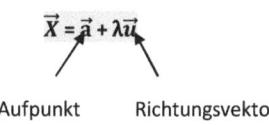

$$\vec{X} = \vec{a} + \lambda \vec{u}$$

Aufpunkt   Richtungsvektor

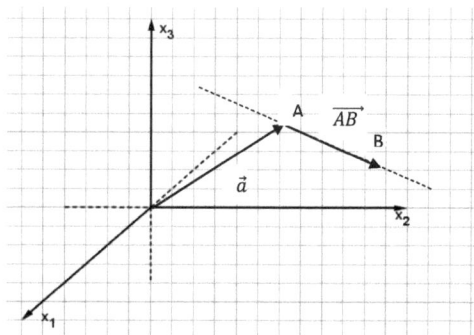

Bsp.:

A(1| -3|3)   B(1|2|5)

$$\overrightarrow{AB} = \vec{B} - \vec{A} = \begin{pmatrix} 1-1 \\ 2-(-3) \\ 5-3 \end{pmatrix} = \begin{pmatrix} 0 \\ 5 \\ 2 \end{pmatrix} \rightarrow \text{Richtungsvektor}$$

$$\rightarrow \vec{X} = \begin{pmatrix} 1 \\ -3 \\ 3 \end{pmatrix} + \lambda \begin{pmatrix} 0 \\ 5 \\ 2 \end{pmatrix} \qquad \begin{pmatrix} x_1 \\ x_2 \\ x_3 \end{pmatrix} = \begin{pmatrix} 1 \\ -3 \\ 3 \end{pmatrix} + \lambda \begin{pmatrix} 0 \\ 5 \\ 2 \end{pmatrix}$$

3. <u>Die Ebene</u>

3.1 <u>Ebenengleichung</u>

Eine Ebene ist, in der Geometrie, ein unbegrenzt ausgedehntes flaches Objekt. Man erhält eine Ebene, indem man der Geradengleichung einen weiteren Richtungsvektor hinzufügt.

$$\vec{E} = \vec{a} + \lambda\vec{u} + \mu\vec{v}$$

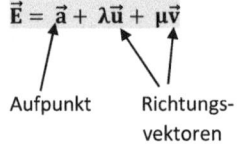

Aufpunkt   Richtungs-
            vektoren

→ **Parameterform**

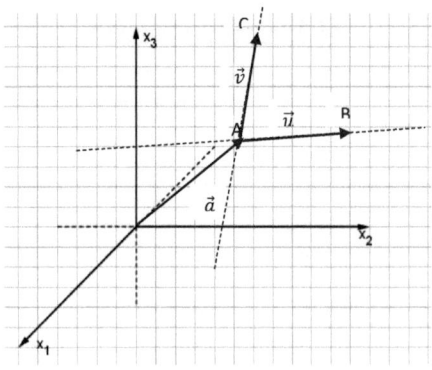

3.2 Parameterform → Koordinatenform

$$E : \vec{x} = \begin{pmatrix} 2 \\ -1 \\ 0 \end{pmatrix} + \lambda \begin{pmatrix} -3 \\ 1 \\ 0 \end{pmatrix} + \mu \begin{pmatrix} 0 \\ 0 \\ 1 \end{pmatrix}$$

Schritt 1:

Normalenvektor $\vec{n}$ bestimmen, durch das Kreuzprodukt der beiden Richtungsvektoren.

$$\vec{n} = \begin{pmatrix} -3 \\ 1 \\ 0 \end{pmatrix} \times \begin{pmatrix} 0 \\ 0 \\ 1 \end{pmatrix} = \begin{pmatrix} 1 \cdot 1 - 0 \cdot 0 \\ 0 \cdot 0 - (-3) \cdot 1 \\ (-3) \cdot 0 - 1 \cdot 0 \end{pmatrix} = \begin{pmatrix} 1 \\ 3 \\ 0 \end{pmatrix}$$

Schritt 2:

Normalenform der Ebene bestimmen durch:

$$\vec{n} \circ (\vec{x} - \vec{A}) = 0$$

Wobei $\vec{n}$ den Normalenvektor, $\vec{x}$ einen beliebigen Punkt und $\vec{A}$ einen beliebigen Punkt in der Ebene (meist Aufpunkt) darstellt.

$$\begin{pmatrix} 1 \\ 3 \\ 0 \end{pmatrix} \circ \left[\begin{pmatrix} x_1 \\ x_2 \\ x_3 \end{pmatrix} - \begin{pmatrix} 2 \\ -1 \\ 0 \end{pmatrix} \right] = 0$$

→ $x_1 + 3x_2 = -1$

Schritt 3:

Koordinatenform der Ebene aufstellen:

$x_1 + 3x_2 = -1$

→ $x_1 + 3x_2 + 1 = 0$

→ $E : x_1 + 3x_2 + 1 = 0$

4. Lagebeziehungen

4.1 Gerade – Gerade

Geraden parallel?
(Richtungsvektoren sind
Vielfache voneinander?)

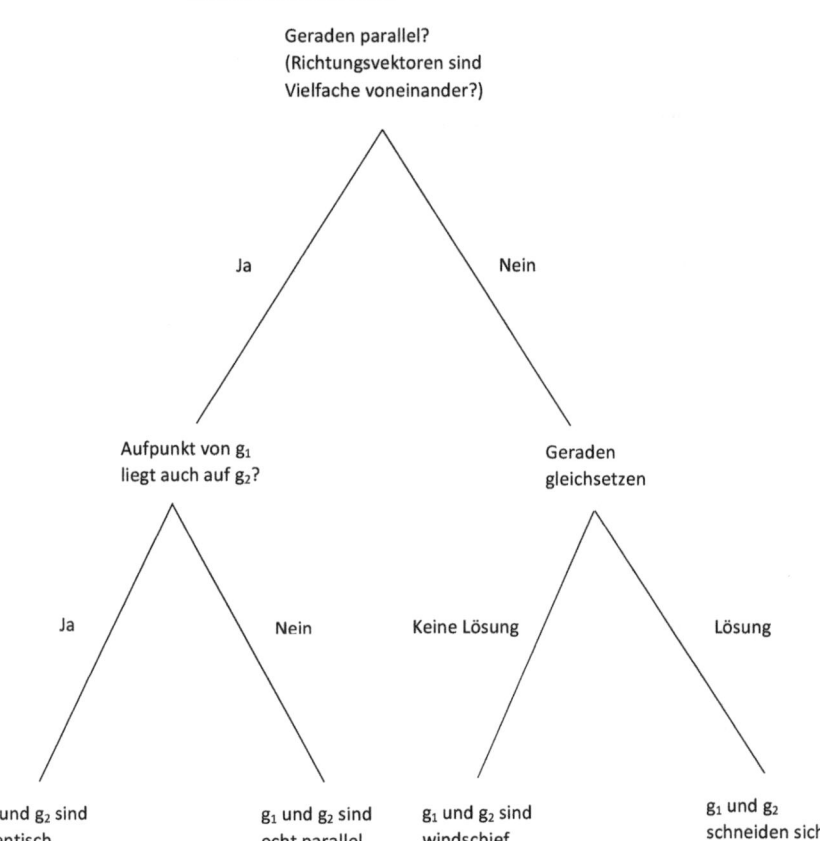

Ja   Nein

Aufpunkt von g_1 Geraden
liegt auch auf g_2?   gleichsetzen

Ja   Nein   Keine Lösung   Lösung

g_1 und g_2 sind g_1 und g_2 sind g_1 und g_2 sind g_1 und g_2
identisch   echt parallel   windschief   schneiden sich

Bsp.:

$$\vec{x} = \begin{pmatrix} 1 \\ -2 \\ 8 \end{pmatrix} + \lambda \begin{pmatrix} 4 \\ -7 \\ -8 \end{pmatrix} \qquad \vec{y} = \begin{pmatrix} 9 \\ -5 \\ 3 \end{pmatrix} + \mu \begin{pmatrix} -4 \\ -4 \\ -3 \end{pmatrix}$$

1) Geraden parallel?

$$\begin{pmatrix} 4 \\ -7 \\ -8 \end{pmatrix} \stackrel{?}{=} k \cdot \begin{pmatrix} -4 \\ -4 \\ -3 \end{pmatrix}$$

$4 \cdot k_1 = -4 \rightarrow k_1 = -1$

$-7 \cdot k_2 = -4 \rightarrow k_2 = \frac{7}{4}$

→ nicht parallel

2) Gleichsetzen

$$\begin{pmatrix} 1 \\ -2 \\ 8 \end{pmatrix} + \lambda \begin{pmatrix} 4 \\ -7 \\ -8 \end{pmatrix} = \begin{pmatrix} 9 \\ -5 \\ 3 \end{pmatrix} + \mu \begin{pmatrix} -4 \\ -4 \\ -3 \end{pmatrix}$$

Gleichungssystem:

I) $1 + 4\lambda = 9 - 4\mu$ → $4\lambda + 4\mu = 8$
II) $-2 - 7\lambda = -5 - 4\mu$ → $-7\lambda + 4\mu = -3$
III) $8 - 8\lambda = 3 - 3\mu$ → $-8\lambda + 3\mu = -5$

3 Gleichungen und 2 Unbekannte
→ man benötigt nur 2 Gleichungen und überprüft am Ende durch die dritte Gleichung, ob die Geraden sich wirklich schneiden oder windschief sind.

Aus I folgt:

$\lambda = 2 - \mu$

In II:

$-7(2 - \mu) + 4\mu = -3$

→ $11\mu = 11$

→ $\mu = 1$

In I:

$\lambda = 2 - 1 = 1$

Zur Überprüfung in III:

$8 - 8 \cdot 1 = 3 - 3 \cdot 1$

$\rightarrow 0 = 0$

$\rightarrow$ Nicht windschief, d.h. es gibt einen Schnittpunkt

Schnittpunkt:

λ in $\vec{x}$ oder μ in $\vec{y}$:

$$\vec{s} = \begin{pmatrix} 1 \\ -2 \\ 8 \end{pmatrix} + 1 \cdot \begin{pmatrix} 4 \\ -7 \\ -8 \end{pmatrix} = \begin{pmatrix} 5 \\ -9 \\ 0 \end{pmatrix}$$

$\rightarrow$ S(5|-9|0)

4.2 <u>Gerade – Ebene</u>

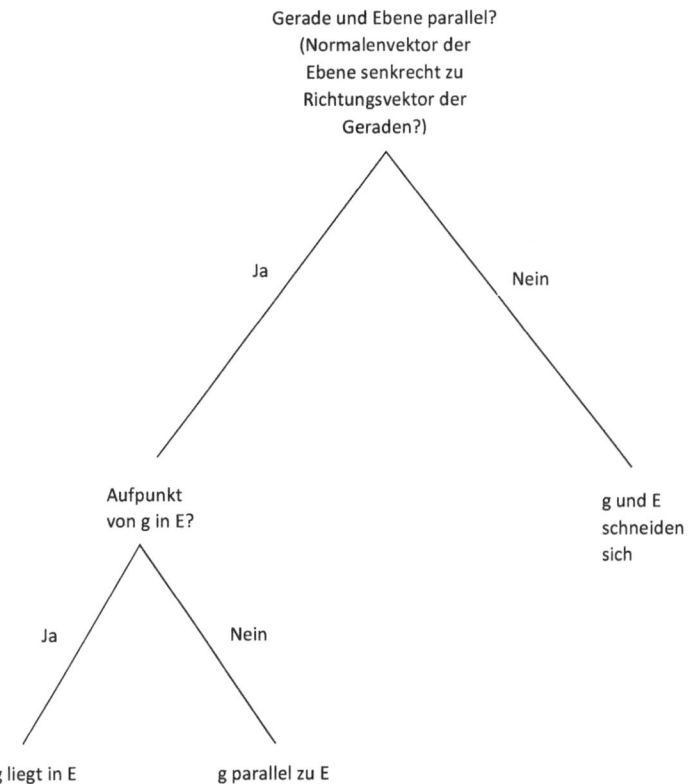

Gerade und Ebene parallel?
(Normalenvektor der
Ebene senkrecht zu
Richtungsvektor der
Geraden?)

Ja   Nein

Aufpunkt   g und E
von g in E?   schneiden
                            sich

Ja   Nein

g liegt in E   g parallel zu E

Bsp.:

$$g : \vec{x} = \begin{pmatrix} 6 \\ 8 \\ 2 \end{pmatrix} + \lambda \begin{pmatrix} 2 \\ 12 \\ 8 \end{pmatrix}$$

$$E : 7x_1 + x_2 + 4x_3 = 0 \qquad \rightarrow \vec{n} = \begin{pmatrix} 7 \\ 1 \\ 4 \end{pmatrix}$$

Gerade und Ebene parallel?

$$\vec{n} \circ \vec{u} = \begin{pmatrix} 7 \\ 1 \\ 4 \end{pmatrix} \circ \begin{pmatrix} 1 \\ 6 \\ 8 \end{pmatrix} = 45 \neq 0$$

→ g und E **nicht** parallel

Schnittpunkt:

Allgemeiner Geradenpunkt in E:

Allgemeiner Geradenpunkt:

$x_1 = 6 + 2\lambda$

$x_2 = 8 + 12\lambda$

$x_3 = 2 + 8\lambda$

in E:

$7(6 + 2\lambda) + 1(8 + 12\lambda) + 4(2 + 8\lambda) = 0$

$58 + 58\lambda = 0$

$\lambda = -1$

λ in g:

$$\vec{x} = \begin{pmatrix} 6 \\ 8 \\ 2 \end{pmatrix} - 1 \begin{pmatrix} 2 \\ 12 \\ 8 \end{pmatrix} = \begin{pmatrix} 4 \\ -4 \\ -6 \end{pmatrix}$$

→ **S (4|−4| − 6)**

4.3 Ebene – Ebene

Ebenen parallel?

1) Beide Ebenen in Koordinatenform:

Prüfe ob die Normalenvektoren parallel sind

2) Eine Ebene in Parameter- und eine Ebene in Koordinatenform:

Prüfe ob der Normalenvektor senkrecht auf beiden Richtungsvektoren steht.

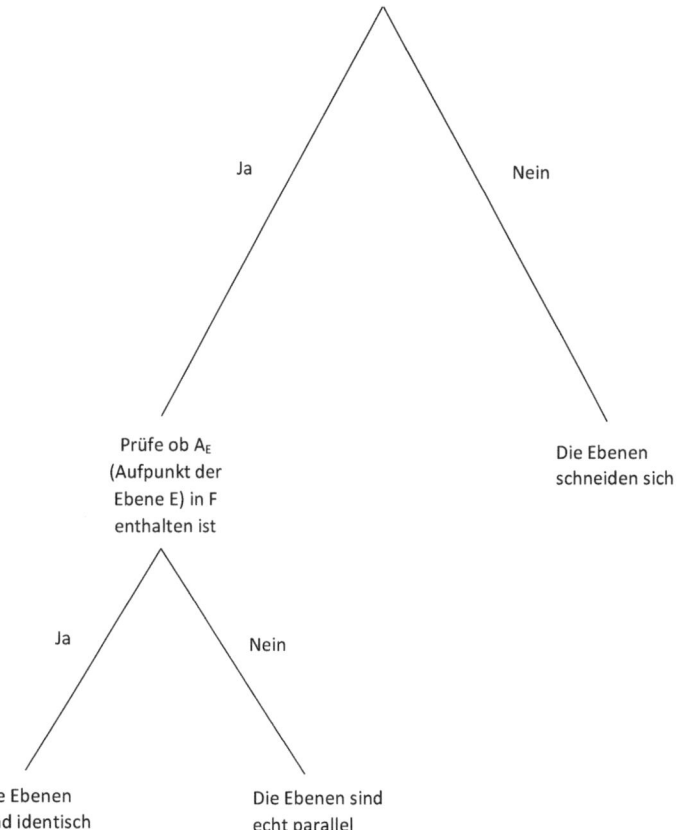

Ja — Nein

Prüfe ob A_E (Aufpunkt der Ebene E) in F enthalten ist

Die Ebenen schneiden sich

Ja — Nein

Die Ebenen sind identisch

Die Ebenen sind echt parallel

Bsp.:

$$E : \vec{x} = \begin{pmatrix} 3 \\ -1 \\ 4 \end{pmatrix} + \lambda \begin{pmatrix} -1 \\ 4 \\ -1 \end{pmatrix} + \mu \begin{pmatrix} 1 \\ -2 \\ -5 \end{pmatrix}$$

$$F : 4x_1 + 3x_2 - x_3 + 1 = 0 \qquad \rightarrow \vec{m} = \begin{pmatrix} 4 \\ 3 \\ -1 \end{pmatrix}$$

Normalenvektor senkrecht auf beiden Richtungsvektoren?

$$\vec{m} \circ \vec{u} = \begin{pmatrix} 4 \\ 3 \\ -1 \end{pmatrix} \circ \begin{pmatrix} -1 \\ 4 \\ -1 \end{pmatrix} = 9 \neq 0$$

→ E und F schneiden sich

Schnittgerade:

Allgemeiner Ebenenpunkt E in Ebene F:

Allgemeiner Ebenenpunkt:

$$E : \begin{pmatrix} x_1 \\ x_2 \\ x_3 \end{pmatrix} = \begin{pmatrix} 3 - \lambda + \mu \\ -1 + 4\lambda - 2\mu \\ 4 - \lambda - 5\mu \end{pmatrix} \quad \text{in F:}$$

$$4(3 - \lambda + \mu) + 3(-1 + 4\lambda - 2\mu) - (4 - \lambda - 5\mu) + 1 = 0$$

$$6 + 9\lambda + 3\mu = 0$$

$$\mu = -2 - 3\lambda$$

in E:

$$S : \vec{x} = \begin{pmatrix} 3 \\ -1 \\ 4 \end{pmatrix} + \lambda \begin{pmatrix} -1 \\ 4 \\ -1 \end{pmatrix} + (-2 - 3\lambda) \begin{pmatrix} 1 \\ -2 \\ -5 \end{pmatrix}$$

$$= \begin{pmatrix} 3 \\ -1 \\ 4 \end{pmatrix} + \lambda \begin{pmatrix} -1 \\ 4 \\ -1 \end{pmatrix} + \begin{pmatrix} -2 \\ 4 \\ 10 \end{pmatrix} + \lambda \begin{pmatrix} -3 \\ 6 \\ 15 \end{pmatrix}$$

$$= \begin{pmatrix} 1 \\ 3 \\ 14 \end{pmatrix} + \lambda \begin{pmatrix} -4 \\ 10 \\ 14 \end{pmatrix}$$

5. <u>Abstände</u>

5.1 <u>Punkt – Ebene</u>

Der Abstand des Punktes $P(p_1|p_2|p_3)$ zur Ebene E: $n_1x_1 + n_2x_2 + n_3x_3 + c = 0$
ist genau definiert als:

$$d(P,E) = \frac{|n_1p_1 + n_2p_2 + n_3p_3 + c|}{|\vec{n}|}$$

Bsp.:

$A(1|2|0)$

$E : -1x_1 - 3x_2 + 1x_3 + 7 = 0$

$|\vec{n}| = \sqrt{1^2 + 3^2 + 1^2} = 3{,}32$

$d(P,E) = \frac{|-1\cdot1 + 2\cdot(-3) + 1\cdot0 + 7|}{3{,}32} = \frac{0}{3{,}32} = 0$

→ **Der Punkt A liegt in der Ebene E**

5.2 <u>Gerade – Ebene</u>

Der Abstand einer Gerade zur Ebene entspricht dem Abstand eines beliebigen
Punktes der Gerade zur Ebene, wenn die Gerade **parallel** zur Ebene ist.

5.3 <u>Ebene – Ebene</u>

Der Abstand einer zur Ebene E **parallelen** Ebene F entspricht dem Abstand
eines beliebigen Punktes der Ebene F zur Ebene E.

5.4 Punkt – Gerade

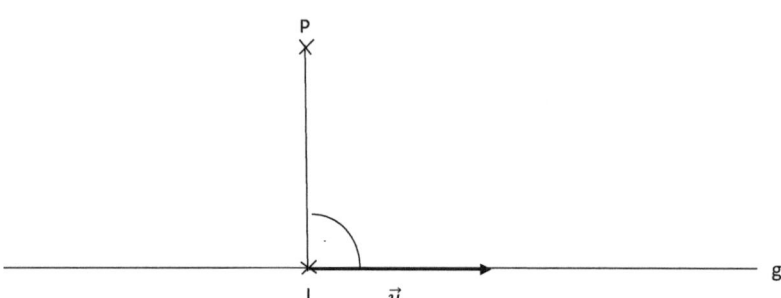

Schritt 1:

Verbindungsvektor $\overrightarrow{PL}$ aufstellen, wobei L zunächst ein allgemeiner Geradenpunkt ist.

Schritt 2:

λ aus der Bedingung $\overrightarrow{PL} \circ \vec{u} = 0$ bestimmen und Koordinaten von L berechnen durch Einsetzen von λ in g.

Schritt 3:

Abstand berechnen, indem man die Länge des Vektors $\overrightarrow{PL}$ berechnet.

$$d(P,G) = d(P,L) = |\overrightarrow{PL}|$$

Bsp.:

P(-3|-1|-1)

$$g : \vec{x} = \begin{pmatrix} 1 \\ 2 \\ 1 \end{pmatrix} + \lambda \begin{pmatrix} 0 \\ 4 \\ 3 \end{pmatrix}$$

Schritt 1:

$$\overrightarrow{PL} = \begin{pmatrix} 1 + 0 \\ 2 + 4\lambda \\ 1 + 3\lambda \end{pmatrix} - \begin{pmatrix} -3 \\ -1 \\ -1 \end{pmatrix} = \begin{pmatrix} 4 \\ 3 + 4\lambda \\ 2 + 3\lambda \end{pmatrix}$$

Schritt 2:

$$\overrightarrow{PL} \circ \vec{u} = 0$$

$$\begin{pmatrix} 4 \\ 3 + 4\lambda \\ 2 + 3\lambda \end{pmatrix} \circ \begin{pmatrix} 0 \\ 4 \\ 3 \end{pmatrix} = 0$$

$$12 + 16\lambda + 6 + 9\lambda = 0$$

$$25\lambda = -18$$

$$\lambda = -\frac{18}{25} \qquad \text{in g:}$$

$$\vec{L} = \begin{pmatrix} 1 \\ 2 \\ 1 \end{pmatrix} + \left(-\frac{18}{25}\right) \begin{pmatrix} 0 \\ 4 \\ 3 \end{pmatrix} = \begin{pmatrix} 1 \\ -\frac{22}{25} \\ -\frac{29}{25} \end{pmatrix}$$

Schritt 3:

$$\overrightarrow{PL} = \begin{pmatrix} 1 \\ -\frac{22}{25} \\ -\frac{29}{25} \end{pmatrix} - \begin{pmatrix} -3 \\ -1 \\ -1 \end{pmatrix} = \begin{pmatrix} 4 \\ \frac{3}{25} \\ -\frac{4}{25} \end{pmatrix}$$

$$d(P,G) = |\overrightarrow{PL}| = \left| \begin{pmatrix} 4 \\ \frac{3}{25} \\ -\frac{4}{25} \end{pmatrix} \right| = \sqrt{4^2 + \left(\frac{3}{25}\right)^2 + \left(-\frac{4}{25}\right)^2} \approx 4$$

5.5 Gerade – Gerade

Der Abstand zweier **parallel** verlaufender Geraden g und h entspricht dem Abstand eines beliebigen Punktes P der Geraden h zur Geraden g.

6. Schnittwinkel

6.1 Gerade – Gerade

$$\cos \alpha = \frac{|\vec{u} \circ \vec{v}|}{|\vec{u}| \cdot |\vec{v}|}$$

Wobei $\vec{u}$ und $\vec{v}$ die Richtungsvektoren der Geraden darstellen

6.2 Gerade – Ebene

$$\sin \alpha = \frac{|\vec{u} \circ \vec{n}|}{|\vec{u}| \cdot |\vec{n}|}$$

Wobei $\vec{u}$ den Richtungsvektor der Geraden und $\vec{n}$ den Normalenvektor der Ebene darstellt

6.3 Ebene – Ebene

$$\cos \alpha = \frac{|\vec{n} \circ \vec{m}|}{|\vec{n}| \cdot |\vec{m}|}$$

Wobei $\vec{n}$ und $\vec{m}$ die Normalenvektoren der Ebene darstellen

7. <u>Die Kugel</u>

Kugelgleichung:

$K: (\vec{X} - \vec{M})^2 = r^2$

K: $(x_1 - m_1)^2 + (x_2 - m_2)^2 + (x_3 - m_3)^2 = r^2$

Wobei M dem Mittelpunkt der Kugel entspricht und r dem Radius.

7.1 <u>*Lage Punkt – Kugel*</u>

Die Lage eines Punktes P zu einer Kugel K wird durch den Abstand von P zum Mittelpunkt M bestimmt.

a) P liegt innerhalb der Kugel K

$d(P,M) = \left|\overrightarrow{MP}\right| < r$

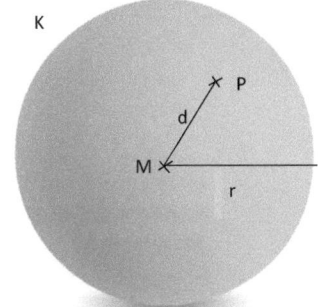

b) P liegt auf der Kugel K

$d(P,M) = \left|\overrightarrow{MP}\right| = r$

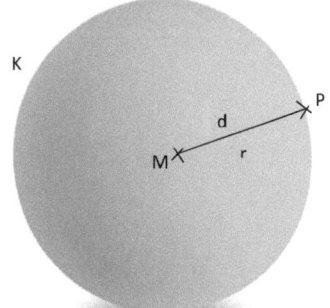

c) P liegt außerhalb der Kugel K

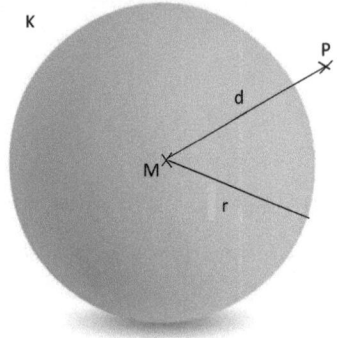

$$d(P,M) = |\overrightarrow{MP}| > r$$

7.2 <u>Lage Kugel – Ebene</u>

Die Lage einer Ebene E zu einer Kugel K wird durch den Abstand des Mittelpunktes M der Kugel zur Ebene bestimmt. (Vgl. X. 1): Abstand Punkt – Ebene)

a) Die Kugel K und die Ebene E schneiden sich in einem Schnittkreis k.

$$d(M,E) < r$$

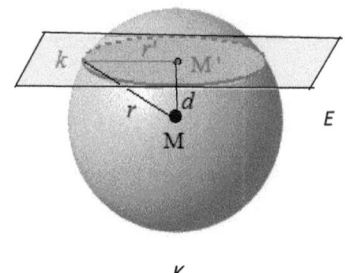

b) Die Kugel K und die Ebene E berühren sich in einem Punkt B.

$d(M,E) = r$

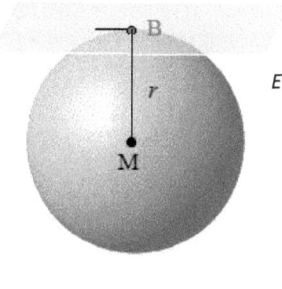

c) Die Kugel K und die Ebene E haben keine gemeinsamen Punkte.

$d(M,E) > r$

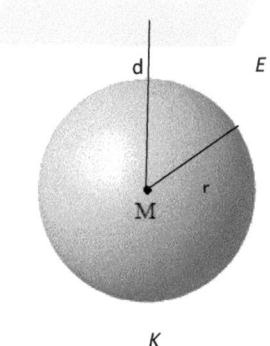

7.3 <u>Lage Kugel – Kugel</u>

Die gegenseitige Lage zweier Kugeln K_1 und K_2 wird durch den Abstand ihrer beiden Mittelpunkte M_1 und M_2 bestimmt.

a) Die Kugeln K_1 und K_2 haben keine gemeinsamen Punkte.

$d(M_1, M_2) > r_1 + r_2$

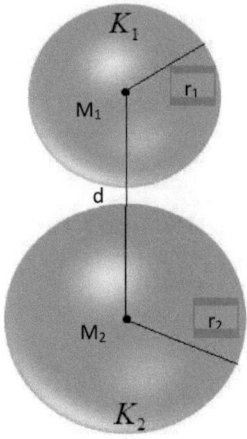

b) Die Kugeln K_1 und K_2 berühren sich von außen in einem Punkt B.

$d(M_1, M_2) = r_1 + r_2$

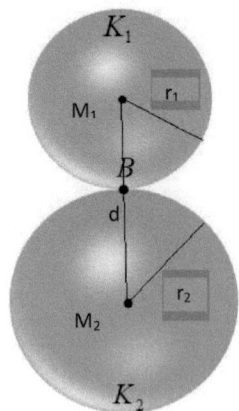

c) Die Kugeln K_1 und K_2 schneiden sich in einem Schnittkreis.

$$|r_1 - r_2| < d(M_1,M_2) < r_1 + r_2$$

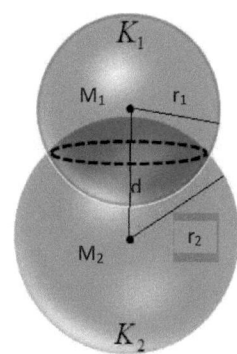

d) Die Kugeln K_1 und K_2 berühren sich von innen in einem Punkt.

$$d(M_1,M_2) = |r_1 - r_2|$$

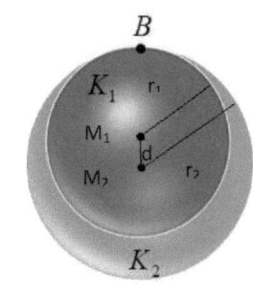

e) Die Kugeln K_1 und K_2 liegen ineinander.

$$d(M_1,M_2) < |r_1 - r_2|$$

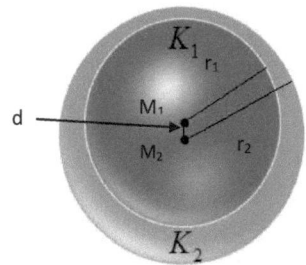

Notizen

BEI GRIN MACHT SICH IHR WISSEN BEZAHLT

- Wir veröffentlichen Ihre Hausarbeit,
  Bachelor- und Masterarbeit

- Ihr eigenes eBook und Buch -
  weltweit in allen wichtigen Shops

- Verdienen Sie an jedem Verkauf

Jetzt bei www.GRIN.com hochladen
und kostenlos publizieren